奇趣科学馆

QIQU

格润轩　编

关于**生活的**N个为什么

U0395080

重庆出版集团 重庆出版社

图书在版编目（CIP）数据

　关于生活的 N 个为什么 / 格润轩编 . — 重庆 ： 重庆
出版社，2018.3
　ISBN 978-7-229-12180-8

　Ⅰ . ①关… Ⅱ . ①格… Ⅲ . ①生活－知识－儿童读物
Ⅳ . ① TS976.3-49

中国版本图书馆 CIP 数据核字（2017）第 077239 号

关于生活的 N 个为什么
GUANYU SHENGHUO DE N GE WEISHENME
格润轩　编

责任编辑：周北川　赵光明
责任校对：何建云
装帧设计：赵景宜

重庆出版集团
重庆出版社　出版

重庆市南岸区南滨路 162 号 1 幢　邮政编码：400061　http://www.cqph.com
三河市金泰源印务有限公司印刷
重庆出版集团图书发行有限公司发行
E-MAIL：fxchu@cqph.com　邮购电话：023-61520646
全国新华书店经销

开本：720mm×1000mm　1/16　印张：8　字数：78 千
2018 年 3 月第 1 版　2018 年 3 月第 1 次印刷
ISBN 978-7-229-12180-8

定价：25.80 元

如有印装质量问题，请向本集团图书发行有限公司调换：023-61520678

不经意间，孩子在悄悄地长大。成长的力量让他们精力充沛，思维活跃。面对大千世界，那些我们习以为常，甚至视而不见的现象，成了他们心中啧啧称奇的风景。感官逐渐迟钝的我们，面对一个个突如其来的"为什么"，常常会不知所措。看似简单的问题，却是孩子们对这个世界最初的思考和探索，这种求知欲和好奇心对他们来说弥足珍贵。

为了保护孩子们的这种天性，我们精心编撰了"奇趣科学馆"系列丛书，和孩子一起走进奇妙未知的大千世界，释放属于孩子的无限遐想。本丛书选取了大量新颖而贴近生活的话题，将动物、植物、天气、人体、宇宙等内容全部囊括其中。通过简洁明了的文字、童趣盎然的图片，将一些深奥抽象的科学知识描绘得通俗易懂、充满趣味，融科学性、知识性和趣味性于一体，使小读者不仅可以初步掌握和了解一些基础知识，还可以培养孩子在提问中认识世界，激发探索科学的兴趣。

FOrewOrd

为什么游泳池里有一种特别的味道？

与这些物质相遇后，自由氯就发生了变化，
与尿液组合成一种氧化合物，即所谓的氯胺。

目录

MU LU

为什么我们必须睡觉？

为什么有的人天生是卷发？

乳牙
为什么
会脱落?

最先长出的是乳牙

人类最先长出的牙齿是乳牙，我们之所以把它们称为乳牙，是因为相对于以后的恒牙来说，乳牙是初生的小牙齿，呈淡淡的乳白色。人长出的乳牙一共有20颗：上下各四颗门牙、两颗犬齿、四颗臼齿。这些牙齿最后都会脱落，然后长出恒牙。在六岁左右的时候门牙会先脱落，乳牙臼齿稍晚的时候才会脱落，但是并不是所有的臼齿都属于乳牙！例如：晚些长出的臼齿和智齿及恒牙都不属于乳牙。

乳牙引导恒牙

乳牙对恒牙的萌出起"向导"作用。孩子到六岁左右时，第一恒磨牙就要在第二乳磨牙的远中萌出，牙齿就能排列整齐。如果第二乳磨牙过早丧失，第一恒磨牙萌出时就没有"向导"，它就要向近中移位，部分占据原第二乳磨牙的位置，或向近中倾斜，恒牙就排列不齐。同理，每个乳牙的根下有继承恒牙的牙胚。乳牙到了替换年龄就要脱落，继承恒牙就要在乳牙原来的位置长出。乳牙如果过早地丧失，邻牙就要发生移位，乳牙原所占的空间就要缩小。继承恒牙因空间不足而萌出于不正常的位置，造成恒牙排列不齐。

如果牙齿从一开始长出来就不脱落，是不是就更加实用一些呢？不，因为最初长出的乳牙太小。想象一下，孩子长着和大人一样的牙齿是一件多么不可思议的事情！孩子在很小的时候，乳牙排列得非常紧密。此后下颌仍然在不停地生长，而乳牙的大小却没有变化。随着时间的推移，乳牙之间的缝隙会变得越来越大。下颌变大，也就需要更大一些的牙齿，因此乳牙就会脱落，为恒牙让出位置。

为什么
有的人天生是卷发?

毛囊的形状

我们知道,头发是从其根部的毛囊里长出来的。那为什么有的人是直发,而有的人却是卷发呢?这主要是受到毛囊形状的影响。如果毛囊的形状是圆的,那么长出来的头发就会呈圆形,头发就会比较顺直;如果毛囊是椭圆形或细长的裂口状,那么长出来的头发也呈椭圆形或者扁平状,生长出来的头发就是卷曲的。其实,这只是表面现象。

人的基因决定

究其根本,这一切都由人的遗传基因所决定。如果你的爸爸或者妈妈是卷发,那么你是卷发的可能性也会大大提高哦!

形成原因是由于人类的遗传基因不同,在世界上的很多种族中都会出现,尤其是在高加索人种中比较常见。由于头发经常干燥,而使头发呈卷状的,不属于自来卷。

很多头发属于自来卷的汉族人,由于受到传统文化的影响,不喜欢这种发型,所以就把自己的头发剪得短短的,就不会出现卷发了。目前,这种自来卷发型,无法用药物改变。如果用直板、离子烫,烫直后,大概3个月后,还会恢复原状。

　　小朋友能烫发吗？一些年轻的妈妈为了把孩子打扮得更可爱更漂亮，喜欢给孩子烫发换造型。其实，这是非常不妥当的。因为青少年正处于发育期，烫发会影响头发的正常生长。而且一旦损伤了娇嫩的头皮，还会对健康造成伤害。

人有多少根毛发?

每个人大约有 12 万根头发

头发，是指生长在头部的毛发，头发不是器官，不含神经、血管和细胞，头发除了使人增加美感之外，主要是保护头部。细软蓬松的头发具有弹性，可以抵挡较轻的碰撞，还可以帮助头部汗液的蒸发。每个人头上大约有 12 万根头发，其中金发的人头发最多，大约 14 万根，红发的人头发最少，只有 9 万根。另外，在身体的其他部位，每个人大约还有 2.5 万根毛发。

关于头发的其他情况

★每个人每天大约掉 50 至 100 根头发。

★如果把头部的 12 万根头发编成一根绳索，它可以承受 12 吨的重量。

★每个月，头发可以长 1 厘米，每周大约长 3 毫米。

★人的一生，头发大约可以长将近 10 米。

焦虑导致脱发

每天焦虑不安会导致脱发，压抑的程度越深，脱发的速度也越快。对于女性而言，保持适当的运动量，头发会光泽乌黑，充满生命力。男性经常进行深呼吸、散步、做松弛体操等，可消除当天的精神疲劳。

为什么
头发会变灰白？

黑色素决定头发

人们年轻的时候，身体会产生色素，它们会进入到头发里。这些色素被称为黑色素。不同的基因决定了产生不同类型的黑色素。黑色素的含量和头发中的金属元素的种类，决定了一个人是长金发、棕发、红发还是黑发。

黑色素减少头发变白

年老时，身体产生的黑色素越来越少，因此，进入头发里的就不是黑色素了，而是一些类似无色气泡的微小物质。当光线照到这些气泡上时，头发就显示出银色或者白色。如果少许深色的头发混在浅色的头发里，那么头发整体看起来就像是灰白色的。如果全部头发都没有深色的，头发就显得雪白了。

头发一根根地变白

人类身体中没有统一分泌黑色素的腺体，这种化学物质在每根头发中分别产生，所以头发总是一根根地变白。一般头发变白都要好多年，只有一种罕见的病能使人一夜白头。尽管头发变白的情况每个人都不相同，但一般男性发生在 30 岁，女性则在 35 岁左右开始。

年轻人有时也有头发变白的现象，究其原因，除了有遗传的因素外，也有营养和情绪的因素。

为什么爸爸有胡子，
而妈妈却没有？

男女有别

男女有别，不仅在体格和组织器官的功能上有差别，还有一个有趣的差别：那就是男子到了青春期脸上就会长出密密的胡子，而女子却通常不会长胡子。

性激素决定长胡子

其实，这与人体内性激素代谢有密切的关系。这种现象是由一种叫作"性激素"的人体激素控制的。成年男子体内，雄性激素占优势，雄性激素会使人体的毛发又黑又粗，胡子的产生就是一种典型的表现。而女子体内却是雌性激素占优势，雄性激素很少，因此对毛发的助长作用远不如男子，因而毛发纤细，颜色也很淡。所以，女子就通常不会长出浓密粗硬的胡子了。

女子也长"胡子"

然而，有的女子在青春期也会长"胡子"，为此感到苦恼和难为情。其实这不是胡子，只是口的四周汗毛较重些，不会影响身体健康，通常过了青春期就会自行消失。

雀斑
是从哪儿来的?

雀斑多长在脸上

有些人脸上会有一些褐色的斑点，和麻雀蛋上的斑点有些相似，这就是雀斑！有些人只在鼻子上有，有些人满脸都是。雀斑多在 3 ～ 5 岁出现皮损，女性较多。其数目随年龄增长而逐渐增加。好发于面部，特别是鼻部和两颊，可累及颈、肩、手背等暴露部位。表现为浅褐或暗褐色针头大小到绿豆大斑疹，圆形、卵圆形或不规则。散在或群集分布，孤立不融合。无自觉症状。夏季经日晒后皮疹颜色加深、数目增多，冬季则减轻或消失。

雀斑怎么来的

雀斑是哪里来的呢？在我们的皮肤中到处都是黑色素细胞，有些人的黑色素很少，那么皮肤的颜色就会呈白色。非洲人的皮肤中黑色素细胞的数量较多，于是皮肤呈黑色。如果受到太阳照射的话，皮肤就会变黑。这样会保护我们的皮肤免受阳光伤害。

但是有些人皮肤中的色素细胞并不是均匀分布的，于是在皮肤的某些地方会出现暗斑，特别是在夏天光照较强的时候，最容易形成雀斑！

我们为什么
要喝水?

水对生命很重要

如果一个人不吃饭,仅依靠自己体内贮存的营养物质或消耗自体组织,可以活上一个月。但是如果不喝水,连一周时间也很难度过。体内失水 10% 就威胁健康,如失水 20%,就有生命危险,足可见水对生命的重要意义。

身体几乎由水组成

我们身体的大部分都是由水组成的。人体细胞中含有大量的水分,我们的细胞所需要的所有营养物质均在水中被溶解。除了细胞所需的水分外,身体水分的另外一部分则在到处流动,比如血液中的水分。水是身体中最重要的运输载体,它把营养物质送到细胞中,并把废物带走。简单地说,如果没有水我们的身体就不会运转。不过每天我们的身体都会损失水分,实际上我们每天都会排泄掉 1.5 升的水分,不仅仅会通过汗液和尿液损失水分,通过呼吸还会损失近 1 升水分。因此,我们必须把这些损失的水分重新补充回来,否则我们就会渴死。一般情况下我们会通过营养物质补充一部分水分,其余的水分就需要我们通过喝水来补充了!

一个健康的成年人，若只喝水不进食，他大概能维持 15 天的生命；若一点水分都不摄入，不超过 72 小时，他就会因严重脱水而死亡。

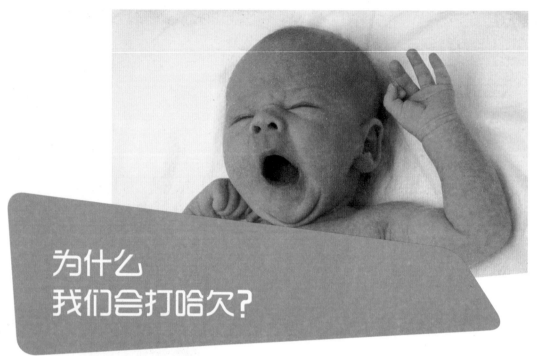

为什么
我们会打哈欠？

哈欠是条件反射

哈欠是一种属条件反射的深呼吸活动，人在疲倦时大脑神经支配的一种生理反应，在日常生活中表达沉闷、瞌睡或舒缓紧张情绪，一次打哈欠的时间大约为6秒钟，在这期间人闭目塞听，全身神经、肌肉得到完全松弛。打哈欠需要脸部的肌肉运动来完成，所以可以通过有意识地咬紧牙关来抑制。

哈欠提醒该休息了

当人们感觉到困的时候，说明大脑和各器官已经疲劳了，各器官运动减速，导致身体里没有足够的氧气，这时，人们就会打哈欠。因此，打哈欠是身体缺氧的表现，同时也在提醒人们该休息了。

打哈欠是保护性适应

打哈欠时，心脏会加速跳动，肺部也会鼓起来，使肺能吸入比平常更多的氧气。然后，由血液运输氧气到达大脑，循环系统又重新活跃起来，人们会立刻感觉神清气爽，这也说明为什么早晨起床后往往也哈欠不止，这是促进大脑活跃，维持正常工作的一种保护性适应。这个过程都是自发的。

打哈欠会传染

很奇怪的是，打哈欠会传染。看到别人打哈欠时，我们也许会想是否自己也缺少氧气了？打哈欠传染可能是提醒我们需要补充充足的氧气。

打喷嚏的速度
有多快?

打喷嚏排出异物

我们有时候突然之间会觉得鼻子里非常痒,于是——阿嚏!气体在巨大的压力下会从身体中被压出,然后将鼻子里的异物排出。

喷嚏,指鼻黏膜受刺激,急剧吸气,然后很快地由鼻孔喷出并发出声音的现象。这也是一种人体对体内细菌排泄的一种方式。

打喷嚏的原因

人们有 4 种原因打喷嚏。当他们感冒时打喷嚏,帮助清洁鼻部。在患有过敏性鼻炎或花粉症时也打喷嚏,从鼻道排出过敏物。患有血管收缩性鼻炎的人,流黏液鼻涕为典型症状,也经常打喷嚏。第 4 种最常见的打喷嚏的原因是非过敏性鼻炎,为嗜曙红细胞增多性鼻炎,或叫"NARES"。

相当于飓风的速度

那么打喷嚏时气流的速度会有多快呢?如果我们感觉到异物在鼻子中,会首先深吸一口气,然后屏住呼吸,接着迅速把积聚的气体从鼻子和嘴里喷出。这个时候气流的速度可以达到每小时 160 千米,相当于飓风的速度!

因为气流速度非常快，所以错误地打喷嚏可能会造成危险，例如打喷嚏时把鼻子堵住，这个时候气流就会寻找其他路径，可能会向耳朵的方向流动，这样就可能把鼻子的致病菌带给耳朵。要是不幸的话，还可能导致耳膜破裂！

为什么
打喷嚏的时候
我们会不自觉地闭眼睛？

打喷嚏是神经反射

人在打喷嚏时会闭上眼睛，这是为什么呢？打喷嚏是一种生理现象，确切地说它是由多种多样的刺激引起的一种神经反射。专家将喷嚏定义为将一种"不自主的、突然的、猛烈的、可听得到声响的经口鼻的气流逐出的现象"。

保护脆弱的眼睛

由于打喷嚏要用很大的力量逐出气体，肺内、口腔内、鼻腔内都有很大的压力，不单膈肌和肋间肌等呼吸肌要突然剧烈收缩，颈部、面部、额部的肌肉都要紧张，这时支配闭眼的眼轮匝肌也会收缩，因为它与面部肌肉同受面神经支配，所以人们就会不由自主地闭上眼睛。

简单地说，打喷嚏时喷出气流达到160千米/时的速度，能喷到三四米以外！如果睁着眼睛打喷嚏，喷嚏的压力就有可能严重伤害泪腺导管，甚至使视神经受到创伤。所以，为了保护脆弱的眼睛，在长期进化过程中，我们的大脑就形成了这种本能反应。

为什么
鼻塞时吃东西
没味道？

鼻塞时不舒服

鼻塞是常见的症状之一，最常见的原因包括鼻炎、鼻窦炎、鼻息肉、鼻中隔偏曲、鼻腔鼻窦肿瘤、腺样体肥大等。鼻塞时，不仅呼吸不畅，感觉难受，经常还伴随着发痒等症状，让人觉得很不舒服。

鼻塞了吃东西没味道

鼻塞时我们会发现自己吃东西没味道，那么鼻子堵塞和吃东西有什么关系呢？

吃东西的时候，食物首先会和舌头发生接触，舌头上分布有不同的味觉细胞，但是只能识别酸、甜、苦和咸这些味道，其他味道舌头无法分辨。为了能够更准确地分辨食物，我们需要借助鼻子的帮助！食物的气味会进入鼻子，然后经过咽部到达位于鼻腔的嗅觉细胞，嗅觉细胞能够感知气味。

堵住感知味觉的路径

通过这个过程我们就可以知道自己吃的是什么东西。如果感冒了，鼻黏膜就会肿胀，这样空气就无法顺利进入鼻腔中，我们只能通过舌头来识别苦、酸、咸或者甜，但是无法区分其它气味。如果我们把鼻子堵住，同样也会如此，因为感知气味的路径被堵住了。

天气寒冷时我们为什么会流鼻涕？

鼻涕清除致病菌

我们知道，正常情况下，人的鼻腔黏膜时时都在分泌黏液，以湿润鼻腔膜，湿润吸进的空气，并粘住由空气中吸入的粉尘、微尘和微生物，这就是鼻涕。正常人每天分泌鼻涕约数百毫升，只不过这些鼻涕都顺着鼻黏膜纤毛运动的方向，流向鼻后孔到咽部，加上蒸发和干结，一般就看不到它从鼻腔流出了。

如果天很冷我们被冻着，鼻子就会流鼻涕，原因我们都知道，这是因为鼻子中的致病菌需要被清除出去。

鼻子加热冷空气

但是为什么冬天没有感冒的时候我们的鼻子也会流鼻涕呢？

原来，每天大约有 10000～20000 升空气流经鼻子，冬季空气寒冷干燥，会让人觉得不舒服，这时我们的鼻子会尝试将这些空气加热加湿。一个健康的鼻子可以在千分之一秒内将吸入的空气加热 30 摄氏度。

为了完成这个过程，鼻黏膜会开始膨胀，流经的血液量会变多，使经过鼻黏膜的空气升温。但是变大的鼻黏膜也会同时产生更多的分泌物，使空气湿度变大。如果我们从房间外面突然进入房间中，空气就不再需要加热，刚刚分泌的鼻涕就会流出来。

男人的声音
为什么会低沉?

声带振动产生声音

什么是声音?声音是呼气时从喉头中产生的,因为声带位于喉头中。如果空气从肺中被挤压出来,就会遇到声带。空气把具有弹性的声带压开,从而导致声带振动,就像乐器的琴弦一样,于是声音就产生了。

声带影响声音

但是不同的音高是怎么形成的呢?这就要通过声带来完成。发声时,两侧声带拉紧、声门裂变窄,甚至几乎关闭,从气管和肺冲出的气流不断冲击声带,引起振动而发声,在喉内肌肉协调作用的支配下,使声门裂受到有规律性的控制。故声带的长短、松紧和声门裂的大小,均能影响声调高低。如果声带较长且宽,那么振动的速度就会比较慢,声音就比较低沉。如果声带短而狭,那么振动的速度就会比较快,声音就会比较高。成年男子声带长而宽,女子声带短而狭,所以女子比男子声调高。

婴儿的声带一般只有6毫米长,女高音歌手的声带一般为15毫米长,男低音的声带一般为25毫米左右。

男孩在青少年时期都会经历变声期，这个时期喉头会发生变化，喉头变大，声带变长变宽，声音会变得更低沉！

为什么我们要注意节制，不可以吃太多东西？

吃撑了伤害胃

一顿饱餐之后，你吃下的汉堡、薯条加番茄酱，甜点、香草冰激凌加巧克力……一起涌入胃里，空间狭小的胃开始呻吟着抗议：你怎么又吃那么多！

我们为什么不可以吃太多东西呢？

首先，我们了解一下食物消化的场所——胃的结构，胃是一个主要由肌肉组成的器官。食物进入胃里之后，胃就会膨胀，胃部肌肉被拉伸。但是总会达到一定的极限，这个时候胃就不再继续膨胀，然后食物就开始向上积聚，最后你不得不把它们吐出来！虽说胃本身具有一定的调节作用，但如果总是吃得太多，日积月累，胃肌会适应过多的食物，肌肉会继续膨胀，我们就可以吃下更多的东西，然后，就会不可避免

地发胖。这可是个不小的问题，我们一定要注意节制哦！

吃撑的危害

喘气艰难：吃撑了时，胃部会挤压膈膜，占领肺部空间，导致肺部无法完全扩张，让人喘不上气。

想吐：如果吃得太快或没有彻底咀嚼，就会觉得恶心。

心脏负荷过重：消化系统占用太多资源，导致心脏工作艰难。

胀气：当你大吃大喝，尤其是喝碳酸饮料时，会吞进额外的空气。另外，肠道细菌分解糖类和淀粉类食物时也会产生气体，让人胀气。

畏寒：血液集中在消化系统，肌肉和皮肤的血液供应不足，导致畏寒。

永久长胖：身体会将多余的食物转化为脂肪储存起来。2000 年的一项研究表明，成人在节日期间平均会胖 0.9 斤。

胃里真的有盐酸吗？有！我们的胃会分泌一种叫做胃酸的分泌物，主要由盐酸、氯化钾和氯化钠组成。它们的存在使胃内的 pH 值始终保持在小于 3 的强酸环境，以辅助消化食物。

每天都要吃饭

饿是神经中枢的一种感觉。我们每天都会吃饭，吃进的饭菜，一般大约经 4—5 小时，就从胃中排空。这时候，胃就会开始剧烈收缩。胃排空的时间与食物的成分有密切关系。如果纯粹是糖类食物，一般 2 小时左右排空；蛋白质类食物，大约需 3—4 小时；而纯脂肪类的食物，约需 5—6 小时。因此，混合食物平均是 4—5 小时。

肚子饿了咕咕叫

肚子饿了会咕咕叫，这是人们常有的切身体会。

人肚子里的消化系统就像一根大的、长长的橡皮管一样：从口腔开始，经过食道，延伸至胃，向下直到肠部。

当胃把食物消化后，被碾碎的食糜便流入肠子。如果胃里缺少食物，它就会慢慢紧缩，在胃壁形成很多小褶皱，同时把多余的空气挤压到肠内。在挤压空气的过程中，胃便会发出"咕噜咕噜"的声音。此时的下腹就像一个大的空碗，以至声音变得很大，因此咕噜声显得格外明显。

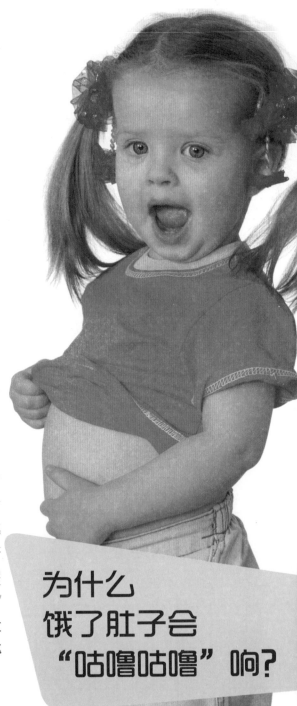

为什么饿了肚子会"咕噜咕噜"响？

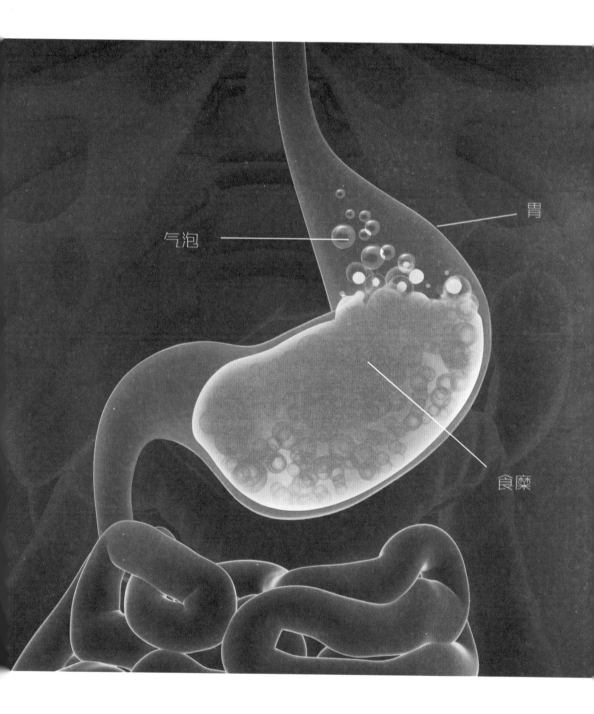

气泡

胃

食糜

弯弯曲曲的小肠有多长?

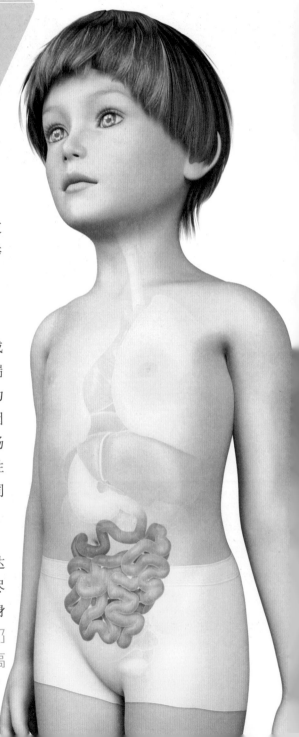

消化系统是"大厨房"

消化系统是人体的"大厨房",我们摄入的食物只有经过"大厨房"的加工处理,才能被人体有效地吸收利用。小肠就是这个"大厨房"里举足轻重的一员。

重要的小肠

小肠盘踞在人体的腹腔下部,主要负责帮助人体吸收所需的营养成分。小肠上端接幽门与胃相通,下端通过阑门与大肠相连。小肠与心互为表里。小肠内消化是至关重要的,因为食物经过小肠内胰液、胆汁和小肠液的化学性消化及小肠运动的机械性消化后,基本上完成了消化过程,同时营养物质被小肠黏膜吸收了。

不可思议的长度

腹腔,如此狭窄的空间,长达4～6米的小肠不得不弯曲褶皱,尽量节省空间,来容纳自己修长的身体。尽管每个人小肠的长度都不相同,但也大约是自身身高的4～5倍,是不是很不可思议呢?

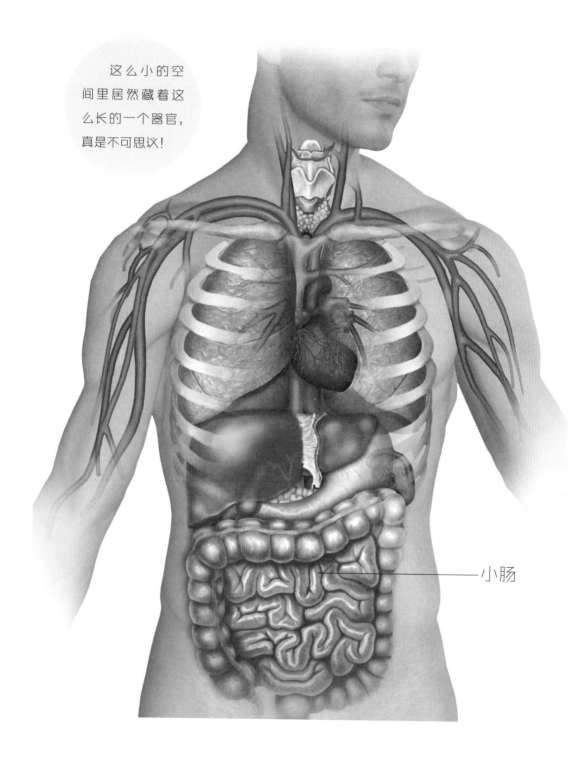

这么小的空间里居然藏着这么长的一个器官，真是不可思议！

小肠

手和脚非常重要

手，是人或其他灵长类动物臂前端的一部分。由五只手指及手掌组成，主要是用来抓或握住东西，两个手相互对称，互为镜像。灵巧的双手是人类进化的标志之一。手的灵活，与五个手指有着重要的关系。人类脚趾在生理学上扮演的意义不亚于双手，在演化学的研究中相当重要。

手指和脚趾

可是为什么我们都有十个手指和十个脚趾，而不是其他的数量呢？

目前普遍认为，陆地上的生物是从海洋中进化来的。第一批由水中登陆的动物的四个鳍状肢分别有五个放射状的骨骼。地球上所有的脊椎动物都源自这种类鱼生物，因此，它们都有十个手指和十个脚趾。

但是，一些动物种类却发生了退化。今天的鸟类只有四个脚趾，鸵鸟甚至只有两个，这也许因为太多脚趾会影响它奔跑吧。因此，在演化过程中，马失去了它的全部脚趾，只剩下一个马掌。而人类、猴子和善于攀爬的动物，比如壁虎，都保有十个脚趾和十个手指。因为这样更加灵活。请试一下，在不使用大拇指的情况下去捡一根针！试完之后，你就会明白十个手指对我们有多重要。

为什么我们有十个脚趾和十个手指

数字"五"和"十"在大自然中非常常见！比如，海星就有五个放射状的肢体；所有节肢动物（虾、蟹、蜘蛛和昆虫）最初都有五对足，也就是十条腿，只不过在后天的演化过程中，有的足改变了功能，有的足退化了。大自然真是特别喜欢"五"和"十"这两个数字呀！

我们为什么会怕痒？

痒觉很重要

平时，我们很容易发现，挠胳肢窝、脚掌心，甚至是脖子时，我们就会因为痒而忍不住笑出来。可是为什么我们的这些地方被碰到，就会痒呢？

挠痒痒并不是为了发笑，其实这对于我们的生存反而是至关重要的！因为接触首先意味着危险。比如一只昆虫落到脖子上时，身体会立即作出反应，以警告昆虫可能会对身体产生伤害，这个时候手就会作出反应，把可能叮咬我们的昆虫赶走。因为接触我们的任何东西都可能是有危险的！

为什么会痒？

痒是一种很特殊的感觉。那什么时候会痒痒呢？痒觉的产生和其他感觉一样，也要有适宜的刺激、感受器、传导通路和大脑皮质高级中枢。只要触摸到比较容易受到伤害的地方的时候，身体就会立即发出警告、拒绝或反击。不过挠痒痒并不危险，所以这时身体只会作出一个非常特殊的反应，那就是咯咯发笑。

为什么我们挠自己不会发痒呢？
因为我们的大脑明白我们自己作出的动
作并没有危险，而且这是大脑发出的挠
痒痒命令！所以自己挠痒痒的时候不会
觉得想笑。

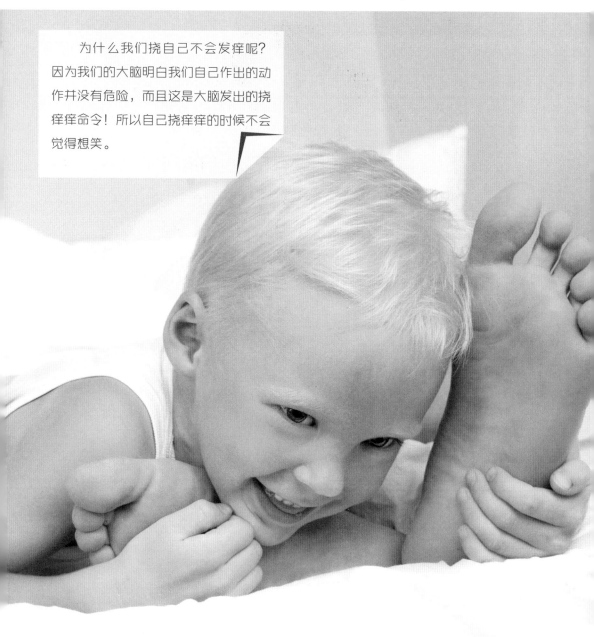

为什么
我们必须睡觉？

睡眠是必需的

睡眠是生命必需的过程，是一种生物节律。大多数人一生中三分之一的时间会在睡眠中度过。由此可见，睡眠对于每一个人来说是多么重要的一件事！人不能没有睡眠，而且每天缺少的睡眠还要补上，否则会受到惩罚，很像欠债一定要还一样。

拿破仑总希望从睡眠中节省时间，所以曾经强迫自己2～3夜不睡，但结果却懊悔不已，因为他抵挡不住"瞌睡虫"的侵袭，在白天办公时间沉入梦乡，而且整天头昏脑涨，记忆力差，办事效率下降。

睡眠有助孩子成长

睡眠中，脉搏和呼吸都会变慢，身体和精神都将得到充分休息。如果我们睡眠不足，白天不仅不能很好地集中注意力，而且还会因为疲劳难以应付白天的工作或学习。

除此之外，睡眠中大脑还会对记忆进行清理。它把重要的信息存在长时记忆区，把不重要的信息直接"扔出"大脑。睡觉时，孩子的生长激素也会加速分泌，因此，睡眠还能帮助孩子成长。尽管科学家们对睡眠这一课题进行了大量研究并取得了丰硕成果，但有关睡眠的种种谜团（如梦境的形成等）依然有待后人的研究。

新生儿的睡眠时间很长，约 16~20 时 / 天，到两岁时，每天的睡眠时间减少到 9~12 时。成年人的睡眠时间因人而异，通常为 6~9 时 / 天，步入老年后，睡眠时间就更短了，约为 6 时 / 天，但睡眠次数会有所增加。

为什么
有些人会打呼噜?

打鼾说明睡得香?

打鼾也称打呼噜,给人们的印象是打鼾的人头一放到枕头上就打呼噜,睡得真快真香,打鼾往往就是睡眠好的代名词,不少人很羡慕打呼噜的人,因为自己很少打呼噜,认为自己的睡眠不够深沉。

他们睡觉时用嘴呼吸

可是为什么他们睡觉了就会打呼噜,而其他人不会呢?

睡觉的时候身体的所有肌肉都会保持松弛,嘴和咽部的肌肉也是如此。大多数打呼噜的人都是仰面睡觉的,并且用嘴呼吸,这个时候嘴里松弛的肌肉就有可能振动,这块肌肉可能是小舌前部的上腭,或者是保持松弛的舌头。因为这些部位在空气流过时会发生颤动,这样就会导致空气发生震动。

为什么用嘴呼吸呢?

可是为什么有些人在睡觉时会用嘴呼吸呢?原因可能有很多。比如感冒造成鼻塞,或者鼻中隔不正。小孩子用嘴呼吸的原因大多是鼻息肉造成的。如果扁桃体过大,会导致咽喉后部经过鼻子的空气通道变窄,也会造成用嘴呼吸的现象。

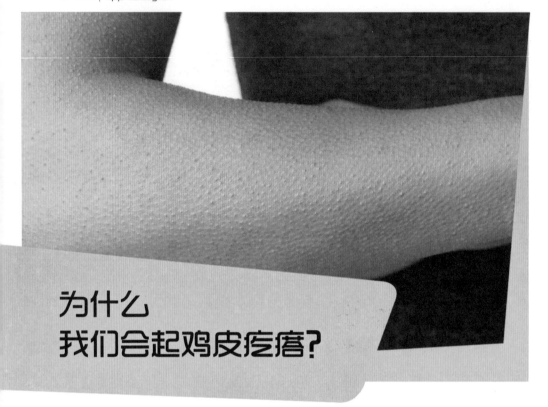

为什么
我们会起鸡皮疙瘩?

保存体温的生理现象

人在感到寒冷或者害怕时,皮肤的毛孔会很快紧缩,形成人们俗称的鸡皮疙瘩。有些动物也是如此,比如公鸡在打斗时会把脖子部位的羽毛竖起,既有示威的意味,也是由于紧张的缘故。

日本皮肤学专家北岛康雄说,起鸡皮疙瘩是恒温动物为保存一定体温而特有的生理现象。当大脑感知到寒冷、紧张或恐怖时,交感神经产生作用,牵动体毛的立毛筋收缩,从而导致鸡皮疙瘩出现。

竖毛肌控制汗毛

人的皮肤汗毛下连着一小束被叫做竖毛肌的组织,这种肌肉控制汗毛的运动。当冷空气侵袭人体皮肤表面时,皮肤的温度感受神经立刻把消息传给大脑。大脑就像司令员一样发布命令,收缩皮肤上的汗毛孔。于是汗毛下的竖毛肌开始收缩,汗毛就一根根竖起来,收缩的竖毛肌看上去就像一个个小疙瘩,如同没有毛的鸡皮一样,就是我们所说的"鸡皮疙瘩"。这样就可以有效地阻止体内热量的散失,这是人体抗寒的一种自卫性反应。

　　当生物毛发竖立的时候，会令他看起来体积更大，能够吓走敌人，因此在受惊吓的时候，也会本能地出现起鸡皮疙瘩的现象。但由于现代人的体毛已经显著地减少了，因此鸡皮疙瘩只是人类在漫长进化过程中残存下来的一种本能。

为什么洗澡时手脚上的皮肤会起皱?

泡久了手脚皮肤起皱

洗澡时间久了,或者洗衣服之后,手或者脚在水里泡久了,我们的手和脚皮肤就会起皱。这是为什么呢?

洗澡时手上有皱纹是个正常现象。水有使组织放松、软化的作用。研究表明,人的手掌和脚底的皮肤最厚,对手脚有保护作用,这就是最易起皱纹的原因所在。我们的皮肤上其实布满薄薄一层油脂,为的是防止皮肤直接从外界吸水。

我们手指和手掌以及脚趾和脚底的皮肤上覆盖着角质层,角质层是一层厚厚的、被压平的死细胞。洗澡时,这些死细胞吸足水分,膨胀变厚并挤在一起,原来的空间不够用了,有些细胞就会相互叠加,皮肤看起来就会凹凸不平了。这就是我们所说的皮肤起皱了。

活细胞不会膨胀

但是,为什么身体其他部位的皮肤不起皱呢?因为,身体其他部位的角质层要比手上和脚上的薄得多,死细胞很少,大多数都是活细胞,而活细胞是不会膨胀的。所以,洗澡时我们手脚上的皮肤才会起皱。

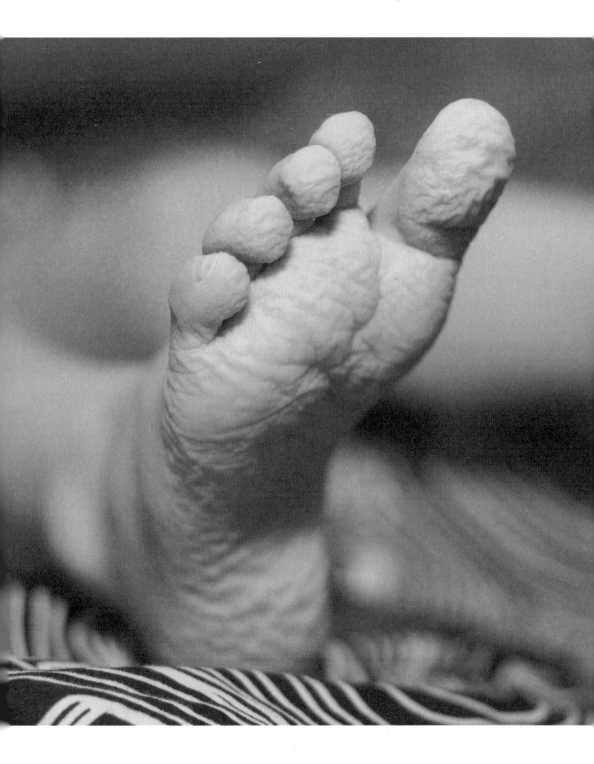

什么是"乐师骨"?

碰到手肘后发麻

你是不是曾经有过撞到手肘后发麻的情况？不小心撞到或者是碰到了手肘的某个部位，就会整个胳膊发麻，手指失去了感觉，也就是短时间内麻痹了。一般这种情况，过不了多久就好了，但是严重的话，也许还需要去就医处理，否则会一直持续下去，而且还会有酸痛的感觉。

紊乱的刺激信息

这是为什么呢？这是因为你撞到了"乐师骨"（俗称"麻筋儿"），不过与骨头没有什么关系，实际上是刺激了神经。这根神经位于骨头中的狭窄缝隙中，接近外侧表面。如果撞到了这个位置，神经就会向大脑发送非常紊乱的刺激信息：疼痛、热、冷……刺激的范围可以直达手指的末端，持续的时间可以长达几分钟，最后神经才会保持稳定。撞到麻筋儿时，手指会暂时失去知觉，有点像被电击后的感觉。

如果撞到了"乐师骨"应该怎么做呢？赶紧摸一些冰冷的东西，这样能使神经尽快恢复正常。

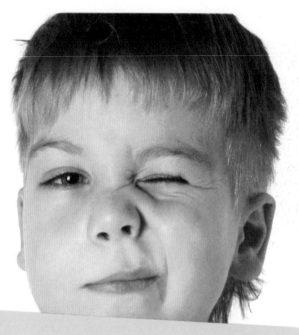

哪些肌肉
运动最活跃?

神奇的引擎

皮肤下的肌肉是部神奇的引擎。它让我们能走路、蹦跳,甚至爬上陡峭的岩石。人体的 600 条肌肉之间的互相合作,协助我们度过每一天。肌肉帮助我们对抗地心引力。肌肉纤维控制每个动作,从轻轻眨眼到微笑,成千上万细微的纤维集结成肌肉束,进而形成完整的肌肉系统。

最活跃的肌肉

那么,我们全身这么多的肌肉,每个都有不同的作用,哪些肌肉运动组最活跃呢?

答案是,我们的眼肌(包括运动眼球和眼睑的肌肉)是最勤劳的肌肉,它们每天大约要活动 10 万次。如果你的脚每天运动这么多次,那么,你一天之内可以跑 80 千米。

特别是夜间,当其他大多数肌肉都休息时,眼肌仍然在工作。在我们做梦时,它们运动得最为活跃,这段时间也被称为快速眼动睡眠阶段。

最强壮的肌肉既不是臂肌也不是腿肌，而是我们的咀嚼肌。强壮的咀嚼肌让我们能够咬碎那些坚硬的食物。

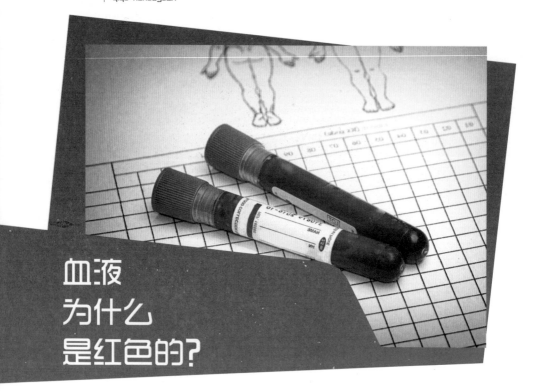

血液
为什么
是红色的?

重要的血液

血液在生命活动中起着重要的作用，一般健康人如果一次失血不超过总血量的 10%，对身体影响不太大。当一次失血超过总血量的 20% 时，则对健康有严重影响；超过总血量的 30% 时就会危及生命。因为血液在心血管内循环流动，遍及全身。它保持着整个身体与外界环境间的联系，也维持着各器官组织间的相互联系。

被氧化的铁

血液看起来就像是红色的墨水一样。在我们的血液中存在着不同的血细胞，其中就包括红细胞。这些细胞含有铁元素，铁的颜色实际上是灰白色的。但是当血液吸收了肺中的氧分子时，血细胞中的铁元素就会氧化，变成浅红色，就相当于铁元素"生锈"了。于是血液的颜色就会呈现红色。如果没有铁元素，那么自行车上铁锈的颜色或者火星的颜色都不再是红色，血液也将会变成暗灰色。

血液在人体内流动的过程中，会把氧分子运送到各个地方。红色血细胞中的铁元素就会失去原来的颜色，所以流经肺部的血液就会变暗。

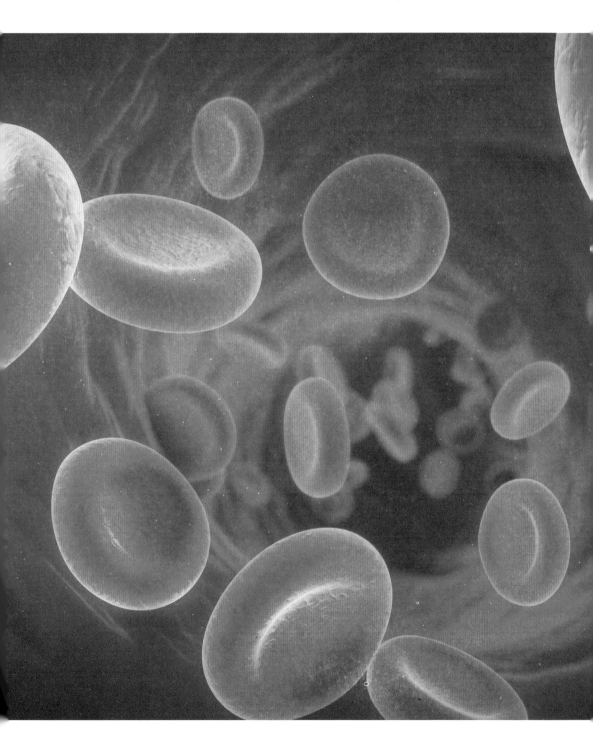

为什么
切洋葱时会流泪？

切洋葱流眼泪

切过洋葱的人，都会有眼睛被熏得流泪的经历。但是为什么切洋葱时，我们会忍不住流眼泪呢？

原因是这样的，洋葱中含有一些特殊成分，即所谓的挥发油，蒜胺酸酶（主要成分是硫化丙烯，洋葱的辣味就是来自这种物质）。当你切开洋葱时，这些油就会变成微小的颗粒挥发出来。这些微小而气味浓烈的颗粒飞到空中，进入眼睛。随即，眼睛就会分泌泪水，把这些颗粒冲刷出眼睛。这就是为什么切洋葱时我们会流眼泪。

切洋葱不流泪的小窍门：

1. 切洋葱前，把切菜刀在冷水中浸一会儿，再切时就不会因受挥发物质刺激而流泪了。

2. 将洋葱对半切开后，先泡一下凉水再切，就不会流泪了。

3. 放微波炉稍微热一下，皮容易去，切起来也不流泪。

4. 将洋葱浸入热水中三分钟后，再切，切起来也不流泪。

5. 戴着泳镜切洋葱，效果也不错。

太阳镜
为什么能够保护眼睛？

减轻阳光的伤害

太阳镜，也称遮阳镜，作遮阳之用。人在阳光下通常要靠调节瞳孔大小来调节光通量，当光线强度超过人眼调节能力，就会对人眼造成伤害。所以在户外活动场所，特别是在夏天，需要采用遮阳镜来遮挡阳光，以减轻眼睛调节造成的疲劳或强光刺激造成的伤害。

明亮的光伤害眼睛

我们的眼睛总是会主动看明亮的地方，这时瞳孔就会自动缩小以接受较少的光。如果光太亮，瞳孔不足以承受，我们就会自动眯起眼睛；如果光还是过于明亮，我们的眼睛就会受到伤害。正是由于这个原因，人们发明了太阳镜，太阳镜的颜色越深，进入眼睛的光线就越少。

紫外线过滤

太阳镜还有紫外线过滤功能，更好一些的太阳镜同时还是偏光镜。雪地或者海面能够反射太阳光，这些光呈现不规则的散射状态，极可能会影响我们对物象的判断力并灼伤我们的眼睛，而偏光镜能够滤除许多不规则光的干扰，避免炫目、刺目等现象发生。

不能过滤紫外线的太阳镜反而会损伤我们的眼睛。由于太阳镜镜片颜色偏暗，瞳孔会尽力扩大捕捉光线，这时便可能有更多的紫外线进入眼睛从而对眼睛造成伤害。

所有的
鸡蛋都可以
用来孵小鸡吗？

受精的蛋才可以孵化

鸡是一种常见的家禽，相信很多家住农村的小朋友都养过鸡，特别是小鸡，毛茸茸的，非常可爱。我们都知道，小鸡是从鸡蛋里面孵化出来的。

你小时候是不是也做过自己孵小鸡的傻事？那么，是不是所有的鸡蛋都能孵出小鸡来呢？

并不是所有的鸡蛋都可以用来孵小鸡，只有受精的鸡蛋才可以。如果我们看到公鸡骑到母鸡背上，这就表示公鸡在给母鸡的卵授精。在温度合适的条件下，受精的鸡蛋经过3周左右的孵化，小鸡就会从鸡蛋里出来。

通常，市场或超市中出售的鸡蛋绝大多数都没有经过受精，因此也就孵不出小鸡。

辨别鸡蛋能否孵化出小鸡

那么，怎样来辨别鸡蛋能否孵出小鸡呢？方法其实很简单，我们可以把鸡蛋拿到强光灯下照射，看里面是否有成型的胚胎，如有则此蛋可孵出小鸡。

为什么
有些鸡蛋是褐色的，
有些却是白色的？

鸡蛋颜色和母鸡品种有关

许多专家都试图找出，哪些鸡会下褐色的蛋，哪些鸡会下白色的蛋。当然，这和下蛋母鸡的品种有关。由于品种不同，有些母鸡只能下褐色的蛋，而另外一些母鸡所下的蛋却是白色的。

一些专家认为，长着红色耳垂的母鸡会下褐色的蛋，而长着白色耳垂的母鸡会下白色的蛋。但是这一点只适用于那些被关在专业养鸡场笼子中的少数母鸡品种。而在乡村，母鸡是自由放养的，许多不同品种都被放在一起喂养，显然上述的规则就不再适用。也就是说，哪些母鸡会下哪种颜色的蛋，目前并没有准确的判断标准。

色素影响蛋壳颜色

影响蛋壳颜色的主要色素是棕色原卟啉（又称卵卟啉），它是由母鸡蛋壳腺中的氨基乙酰丙酸合成。原卟啉的生物合成始于蛋壳形成的最后5小时，色素沉积于蛋壳外层和壳上膜，因此蛋的色泽是蛋壳和壳上膜中所含色素的综合结果。

有些人认为褐色的鸡蛋比白色的鸡蛋有营养，其实，这种说法是不准确的，鸡蛋中所含的营养成分是差不多的，与蛋壳的颜色并没有直接的关系。

为什么
鸡蛋内会有空间？

储存空气

细心的小朋友会发现，每个鸡蛋壳内都有一块空的地方，没有蛋液。它是作什么用的呢？

这个结构叫气室，它主要有两个作用。当蛋被孵化的时候，还没有出壳的小鸡要呼吸空气。小鸡呼吸的就是气室里的空气。在蛋壳上约有7000多个肉眼看不见的小孔，大多分布在气室附近，外面的空气通过小孔能进入鸡蛋壳内，并贮存在气室里，供未出壳的小鸡呼吸。另外，在外界温度的影响下，蛋液的体积会出现热胀冷缩的现象。有了这个气室，蛋液的体积增大时，蛋壳就不会被胀破了。

气室的大小

气室是蛋产出后蛋温下降，蛋白及蛋黄浓缩，在内壳膜和外壳之间形成的空间。刚生下来不久的鸡蛋，它的气室高度，直径都很小，随着存放时间的增加，气室的高度和直径也会不断增加，气室越大的鸡蛋越不新鲜。所以，气室的大小，也是检验鸡蛋是否新鲜的一个标志。

奶酪上
为什么会有洞?

发酵的浓缩牛奶

奶酪是一种发酵的牛奶制品,其性质与常见的酸牛奶有相似之处,都是通过发酵过程来制作的,也都含有可以保健的乳酸菌,但是奶酪的浓度比酸奶更高,近似固体食物,营养价值也因此更加丰富。每公斤奶酪制品都是由10公斤的牛奶浓缩而成,含有丰富的蛋白质、钙、脂肪、磷和维生素等营养成分,是纯天然的食品。就工艺而言,奶酪是发酵的牛奶;就营养而言,奶酪是浓缩的牛奶。

奶酪上有洞

奶酪在发酵成熟之后,蛋白质和乳糖的比例发生了改变,这是由细菌引起的。细菌会吃乳糖和蛋白质,并释放出二氧化碳。

二氧化碳同样是可乐饮料会产生小气泡的原因。在像可乐这样的液体里,小气泡会自动上升。但是在奶酪里,气泡却会留下来,这是因为奶酪太硬了,气泡无法移动。

因此奶酪上布满了气泡留下的洞,两个小洞相遇会变为更大的洞,直到所有的乳糖都被细菌吃干净,奶酪才会停止变化,而奶酪上的洞也不会再扩大。

这也解释了为什么松软的奶酪上没有洞——二氧化碳气泡会像穿过水一样穿过这些松软的奶酪,而不是留在奶酪里。

二氧化碳气体

你喜欢喝可乐吗？那种甜甜的味道是不是让你回味无穷呢？也许细心的你还发现当我们打开可乐瓶的时候，会有很多气泡冒出来，这是为什么呢？

其实，可乐冒出来的这些气泡是一种叫作二氧化碳的气体。可乐是一种碳酸饮料，它在装瓶的时候通过加压将二氧化碳溶解在饮料中，而这种溶解在常压下是过饱和的。当我们打开瓶盖的时候，溶解在碳酸饮料中的二氧化碳因为气压的突然变化就会冲出瓶子，也就是我们看到的冒泡现象。

可乐果提取物

可乐是黑褐色、甜味、含咖啡因的碳酸饮料，有咖啡因但不含酒精，非常流行。可乐主要口味包括有香草、肉桂、柠檬香味等。名称来自可乐早期的材料之一：可乐果提取物。可乐除了饮用，还可以用来刷马桶，这是因为马桶中的污垢主要是尿碱混合其他污染物质沉积造成的，其主要成分为磷酸钙，不溶于水，因此难以清洗。可乐中添加了磷酸、二氧化碳和柠檬酸等，可以与磷酸钙反应生成溶于水的物质。

可乐
为什么会冒泡？

碳酸饮料中的二氧化碳会刺激胃液的分泌，且含糖量较高，会导致胃酸过多、腹胀、食欲低下等，而且还会降低人体对钙的吸收，影响骨骼的生长及正常发育，其中的咖啡因还会刺激心脏收缩，导致神经过度兴奋等，因此，人们特别是青少年朋友们一定要减少对碳酸饮料的摄入。

香蕉
为什么是弯的?

金色的"智慧之果"

香蕉含有多种微量元素和维生素，能帮助肌肉松弛，使人身心愉悦，并具有一定的减肥功效。古印度和波斯民间认为，金色的香蕉果实乃是"上苍赐予人类的保健佳果"。传说佛教始祖释迦牟尼由于吃了香蕉而获得智慧，香蕉因此被誉为"智慧之果"。

它们头朝下生长

香蕉并不是单个生长的水果，每棵香蕉树上大约会生长100根香蕉。

这些香蕉并不是并排生长的，而是如同葡萄那样簇拥着生长的。由于树上香蕉的果实太多太重，因此香蕉都是"头朝下"生长的。

香蕉的生长需要阳光。只有向香蕉树的侧面生长才能获得阳光，所以在生长过程中每一根香蕉都要向上、朝光伸展，便呈现明显的向上弯曲的趋势，这也是为什么单个香蕉看起来是弯的。

苹果的切口为什么会变成褐色?

世界水果冠军

苹果（Apple），是最常见的水果，味甜，口感爽脆，且富含丰富的营养，是世界四大水果之冠。苹果通常为红色，不过也有黄色和绿色。苹果是一种低热量食物，每100克只产生60千卡热量。苹果中营养成分可溶性大，易被人体吸收，故有"活水"之称，其有利于溶解硫元素，使皮肤润滑柔嫩。苹果中的维生素C是心血管的保护神、心脏病患者的健康元素。

果肉氧化变色

你一定看到过这样的现象：当我们刚切开苹果的时候，看起来还十分可口，但是很快苹果的切口处就会变成褐色，这是为什么呢？这是由于苹果被切开之后，果肉与空气中的氧气直接接触发生了氧化反应，因而苹果变成了褐色。苹果掉到地上或者被挤压的时候也会发生同样的现象，这是因为苹果表面出现了细小的裂缝，空气从这些裂缝中钻进了苹果里，与果肉发生同样的化学反应，因而被摔破或者被按压的部分也会变色。

我们也可以阻止苹果的切口变色！只要在切口上滴一些柠檬汁就可以了。因为柠檬汁就像一层保护衣一样包围着切口处，阻止果肉与空气中的氧气接触。

虫子是怎么钻到苹果里的呢？

苹果里面的虫子

苹果是最常见的水果之一，营养价值丰富，而且很容易吸收。因为科技的发展，苹果树不再受季节的限制，因此一年四季我们都可以吃到水果，水果也成为家庭日常水果的主要选择。

不过吃苹果的时候，一不小心也许就会从外表看上去完整，果皮没有损伤的苹果里面，吃出一只虫子来。

从苹果里面吃出虫子来，我们不由得会好奇，这些虫子是怎么进入苹果里面去的呢，因为明明苹果外面没有通道啊。

卷叶蛾的幼虫

苹果里的虫子实际上并不是成虫，而是卷叶蛾的幼虫。每年五六月份的时候，卷叶蛾会把自己的卵产到尚未成熟的小苹果里边。等幼虫孵化后就会在苹果里钻来钻去，因为苹果芯是它们最爱的食物。在变成蛹之前，这些幼虫就会从小苹果里钻出来。

每年八月，这些蛹就会变成会飞的卷叶蛾，然后在成熟的苹果里产卵。而幼虫则会重新从卵里孵化出来，所以有时候我们就会在吃苹果时碰到爬来爬去的虫子。

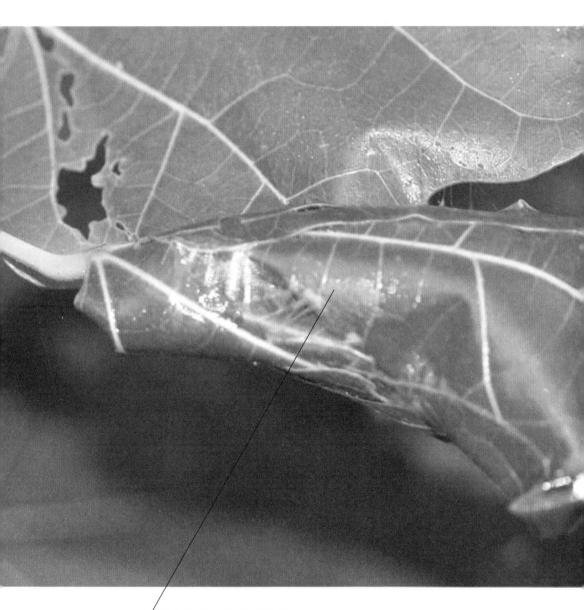

这里藏的便是卷叶蛾的幼
虫了，要看到它们的真面目，
还真不容易呢。

果酱面包中的果酱是怎么挤进去的?

果酱面包的出现

一个面包厨师说过,面包做得多了,在款式上就会力求多样。既考虑食客的口味、健康,又兼顾食用时简单、便捷,果酱面包就是在这样的想法下诞生的。果酱面包是一种在面包里面放入了各种口味的果酱的食物,因为加入果酱之后面包的口味十分符合大家的口感,因此成为一种受欢迎的食物。果酱面包,根据里面的果酱进行分类,比如蓝莓果酱面包、草莓果酱面包等。

果酱面包的烘焙

我们每次吃果酱面包的时候,都会发现果酱被挤在最里面,面包热烘烘的,果酱却没有那么高的温度,那些果酱是怎么被挤进去的呢?

原来,面包师在制作的时候,会首先做个球状面团,然后将面团的两面放在烧热的煎锅里各煎三分钟。在两面都煎好之后,我们可以看到面团中间留下一圈浅色的部分。这时,面包师傅才会向面包里注入果酱。面包师将一根果酱注入器插入面包中心那圈浅色的部分中,机器会自动向里面挤果酱。

果酱会被挤到面包中心还是靠近边上取决于注入器插入的深度。注入果酱的位置可以在那圈浅色面包中找到！

为什么
水能灭火？

可怕的火灾

火灾是指在时间或空间上失去控制的燃烧所造成的灾害。在各种灾害中，火灾是最经常、最普遍地威胁公众安全和社会发展的主要灾害之一。人类能够对火进行利用和控制，是文明进步的一个重要标志。所以说人类使用火的历史是同火灾作斗争的历史相伴相生的，人们在用火的同时，不断总结火灾发生的规律，尽可能地减少火灾及其对人类造成的危害。

水灭火的原因

每当火灾发生时，我们都会看到消防员拖动很长的水袋，用强力的水流将大火扑灭，那么，水为什么能够灭火呢？

火得以燃烧最重要的原因就是要有高温条件，要有氧气，要有可燃物。水之所以能够灭火是出于两方面的原理：一方面，水能够隔绝空气，使火熄灭；更为重要的是，水能够降低温度，使火无法继续燃烧，因为没有高温，火就失去了继续燃烧的基本条件，这就是发生火灾时我们通常用水灭火的原因。

火焰为什么始终向上燃烧?

什么是火焰?

火焰是燃料和空气混合后迅速转变为燃烧产物的化学过程中出现的可见光或其他的物理表现形式,燃烧是化学现象,同时也是一种物理现象。火焰可以给人带来许多益处,但使用不慎亦可以害人至深。产生火焰的三个条件是有可燃物,氧化剂,温度达到着火点。

火焰向上燃烧

仔细观察,我们发现,无论将蜡烛怎样翻转,我们看到,火焰始终是向上燃烧的。会出现这种现象的原因是:暖空气比冷空气轻,因此,暖空气会一直上升,这是一个自然规律。

蜡烛的火焰加热了周围的空气,并使它们上升,从而带动了火焰的焰苗也向上挺立。与此同时,火焰周围的冷空气也不断下沉,在被加热后再度上升——循环又重新开始。

香皂是怎么去除污渍的?

香皂是什么?

香皂是一种日用洗涤品,人们使用香皂的历史可以追溯到公元前的意大利。香皂的功能是清洁洗涤,用在皮肤上面当然是清除泥土污垢、皮肤分泌物、排泄物、化学物质或细菌等等,在讲求美容效果的今日,清除皮肤表面的化妆品、保养品或药物也是其主要的用途之一。

香皂去污的原因

香皂为什么可以去除污渍呢?

这是由于表面张力的作用,水的表面会形成一层隐形的薄膜。这层薄膜十分坚固,因此小昆虫可以紧贴着池塘的水面滑行而不沉下去。

洗澡时,香皂能穿透水的这层薄膜,令皮肤变得十分光滑,使水流得更畅快。与此同时,水能够畅通无阻地渗入皮肤最细微的毛孔中,并带走那些能够溶于水的脏东西。但是仍有些顽固的、用水洗不干净的油渍,这是由于水和油是无法相溶的。这时,香皂便能够发挥它的第二个功效了:微小的香皂颗粒能够将油渍密密地围起来,形成一个香皂球,而油渍就藏在中间,这样外围的水便能将包裹油渍的香皂球一起冲走。

为什么
肥皂泡是球形的?

有趣的吹泡泡游戏

小时候,大家大概都玩过吹泡泡游戏,我们吹泡泡所用的就是肥皂水。所以吹出来的泡泡,也就是肥皂泡。肥皂泡是非常薄的形成一个带虹彩表面的空心形体的肥皂水的膜,比喻一触即破的事物或经不起推敲的东西。肥皂泡的存在时间通常很短,它们会因触碰其他物体或维持在空气中太久而破裂(地心吸力令肥皂泡上方的膜变薄)。

肥皂泡的形成

肥皂泡为什么是球形,而不是其他形状呢?

我们用喷壶给花浇水的时候,花瓣上和叶片上会出现一颗颗小水珠,为什么水会以圆球的形状留在叶片上呢?

水是由水分子构成的,水分子之间有相互吸附的力量。由于空气中没有水分子,没有相互吸附的力量,位于水珠最外面的一层,跟空气接触的那部分水分子之间的吸附力垂直指向液体内部,结果导致液体表面具有自动缩小的趋势,于是就变成圆球状了。这种相互吸附的力量就叫作表面张力。

洗涤剂或肥皂跟水混合时,水的表面张力会减弱,于是水就不一定非要保持水珠的形状,而是容易延展出来,形成一层比较薄的膜,但水仍然保持了尽量形成圆球状的性质。因此肥皂泡就会膨胀成大大的圆球体!

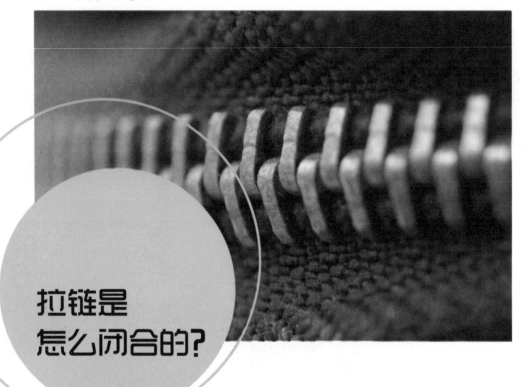

拉链是怎么闭合的?

拉链的发明

拉链又称拉锁。它是近代方便人们生活的十大发明之一。拉链的出现是一个世纪之前的事。当时,在欧洲中部的一些地方,人们企图通过带、钩和环的办法取代纽扣和蝴蝶结,于是拉链应运而生。拉链运用十分广泛,几乎遍布我们的生活,从每天穿的衣服到帐篷灯等,随处可见。

拉链的闭合

每条拉链都包含两条布满链牙的链带,链牙的一面凸起成牙锋,另一面凹陷成牙谷。拉链作用的原理就是,一条链带上每个链牙的牙锋都与另一条链带上每个链牙的牙谷刚好契合,每个牙锋的大小与对应牙谷的大小完全相同。

当我们拉动拉链的拉头时,两条链带便会滑动啮合在一起。通过拉头一端的楔子作用,两条链带上对应的链牙部分总是同时滑动,从而保证一边的牙锋能恰好滑入对应的牙谷中。想拉开拉链时,只需要将拉头向反方向拉动,两条拉链就会分开。

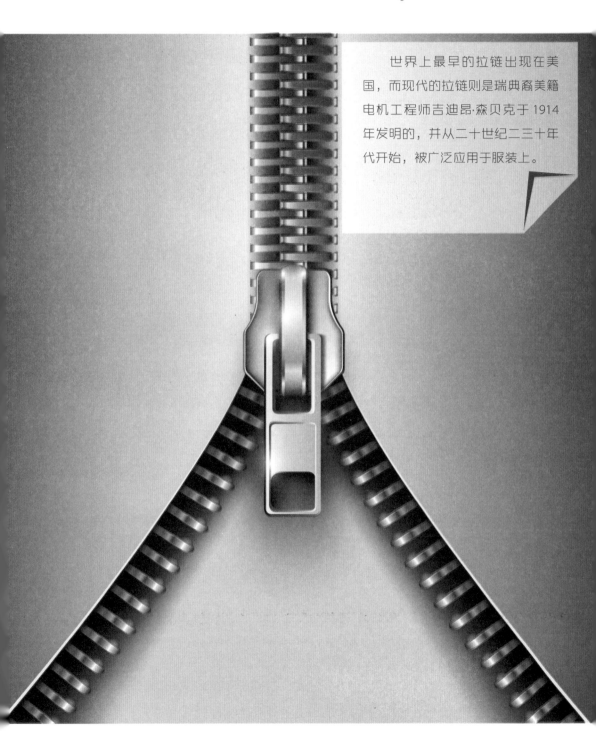

世界上最早的拉链出现在美国，而现代的拉链则是瑞典裔美籍电机工程师吉迪昂·森贝克于1914年发明的，并从二十世纪二三十年代开始，被广泛应用于服装上。

羊毛是怎么变成毛衣的？

羊绒被称为"软黄金"

羊毛是纺织工业的重要原料，它具有弹性好、吸湿性强、保暖性好等优点。一般采用的是羊毛加工中的短毛、粗毛，通过针刺、缝编等方法生产地毯的托垫布、针刺地毯的夹心层、绝热保暖材料等产品。羊毛纺织品以其华贵高雅、穿着舒适的天然风格而著称，特别是羊绒有着"软黄金"之美名。

羊毛织成毛衣的过程

羊毛织成的毛衣，十分保暖舒适，因此很受欢迎。那么，羊毛是怎么变成毛衣的呢？

每年春天是给绵羊剪毛的季节，这个时候可以剪下一整块羊毛。这项工作强度非常大，因为一大块羊毛可以重达5千克！

羊毛剪下之后就要进行彻底的清洗，清除汗液、脂肪、污物和植物残余等。清洗时需要把羊毛浸入装满水的桶中，泡一到两天。清洗后的羊毛会变成一大块，所以必须进行仔细的梳理，梳理后就会形成一个个又大又软的绒毛球儿，然后将其捻成均匀的毛线，接着用纺车把毛线纺成线团。

最后的工序就是在染色池中染色并进行干燥，之后就可以织成我们穿的毛衣了！

为什么橡皮可以擦掉铅笔写的字?

文具——橡皮

橡皮是我们常用的文具之一，用橡胶制成，能擦掉石墨或墨水的痕迹。人们用橡皮擦字，到现在只有两百多年的历史。橡皮能擦掉铅笔字，是1770年英国科学家普里斯特利首先发现的。在此之前，人们是用海绵来擦掉铅笔字的。海绵满身都是小孔，又柔软，又有弹性，用它吸水很不错，可是用它来擦铅笔字迹，却不能使人满意。

橡皮擦掉铅笔字的原因

我们用铅笔写字的时候，铅笔芯会在纸上划过，留下黑色的痕迹。我们所见到的纸张也并不像我们想象的那么光滑，它是由很多乱蓬蓬的粗糙的纤维交织而成的。实际上，纸上的字是铅笔芯被纸纤维磨掉的那些细细的粉末遗留在纸纤维的缝隙里。

橡皮主要由三种材料制成：像橡胶一样柔软的树脂、陶瓷粉、使树脂变得柔软的油（增塑剂），这种油具有使铅笔芯粉末强力地结合在一起的作用。

用橡皮的时候，陶瓷粉在纸的表面被磨擦掉，同时带走黑色的石墨粉。这些粉末被增塑剂吸附，离开纸面。字就是这样被擦掉的。这时候，橡皮的表面也被磨擦掉一部分，黑色石墨粉也包含在被磨擦掉的橡皮渣里。

烟花
为什么是
五颜六色的?

五彩缤纷的烟花

烟花是燃放时能形成色彩、图案、产生音响效果，以视觉效果为主的产品。每逢节庆，我们经常可以看见天空出现许多五彩缤纷、色彩绚丽的烟花，各色烟花在空中绽放，不仅照亮了夜空，而且十分漂亮热闹。

烟花的原理

但是，为什么烟花会有这么多的颜色呢？

烟花里含有黑色炸药，也叫火药。这些黑色炸药通过炮筒射向天空。

如果烟花里只含有火药就只能发出橘色亮光，因此人们在烟花里加入了能够发出其他颜色亮光的发光剂和发色剂。它们由不同的金属化合物粉末构成，例如在燃烧时，含锶的粉末呈现红色，含钠的粉末呈现金色，而含钡的粉末呈现绿色。

制作烟火的人经过巧妙排列，决定燃烧的次序。如此一来，当烟火被引燃后，就能在漆黑的夜空绽放出绚丽夺目、五彩缤纷的图案了。

什么是K金?

K金是什么?

K金是黄金与其他金属熔合而成的合金,这种合金较之纯金成本低廉,不易变形和磨损,且可配制成各种颜色,因此备受青睐。K金按含金量多少又分24K金、22K金、18K金、9K金等。

K金的"K"是外来语"Karat"一词的简写,K金的计量方法是:纯金为24K(理论上即100%含金量),1K的含金量大约为4.166%。

用"K"来计算黄金含量的方法源自地中海沿岸的一种角豆树。这种角豆树开淡红色的花,结的豆荚长约15厘米,豆仁呈褐色。神奇的是这种树无论长在何处,所结的豆仁大小都完全一样,所以,古时候人们把它作为测定重量的标准。久而久之,它便成了一种重量单位,以用来测量珍贵、细微的物品。那时钻石和黄金的计量也使用这一单位,也就是"Karat"。

白K金与白金

K金可以根据需要配制成各种颜色,大家常见的有黄色和白色。黄金中混入25%的钯或镍,就会成为白色,组成它的主要成分还是黄金,这就叫白K金。白K金不是白金,但是极容易与白金相混淆。根据国家贵金属首饰标准,只有铂金才可以称为白金。只有含铂量在850‰以上的首饰才能带有铂金的专有标志——铂(铂金、白金)或Pt。因此,要区分白K金与白金十分简单,只要查看是否有白金的标志就可以了。

为什么路中间的
下水道
盖子是圆的?

下水道盖子

马路中间的下水道盖子为什么都是圆的?原因其实很简单:只有这样盖子才无论如何都不会掉入井中!

只有在街边,准确地说在人行横道旁边的下水道盖子才不是圆的,这是为了让马路上的水能够更好地流入下水道。

盖住的洞是圆形

为什么盖子是圆形的?因为盖子下面的洞是圆的,因为圆柱形最能承受周围土地的压力。而且,下水道出孔要留出足够一个人通过的空间,而一个顺着梯子爬下去的人的横截面基本上是圆的,所以圆形自然而然地成为下水道出入孔的形状。圆形的井盖只是为了覆盖圆形的洞口。

我们可以在家做个实验。取一个装果酱的玻璃瓶：你会发现，无论你怎么放，都没有办法把果酱瓶的盖子放进瓶子里。然后再拿一块方形的鞋盒做同样的实验：你会发现，虽然鞋盒的盖子比盒子要大，但是沿对角线仍能将它放进盒子里！

飞机为什么可以飞在空中？

飞机的诞生

说起交通工具，都会提到汽车、火车、轮船、飞机这几种。其中，最快的，自然就是可以飞在空中的飞机了。二十世纪最重大的发明之一，是飞机的诞生。人类自古以来就梦想着能像鸟一样在太空中飞翔。而2000多年前中国人发明的风筝，虽然不能把人带上天空，但它确实可以称为飞机的鼻祖。

飞机的动力

飞机之所以可以飞在空中，是受到推动力和升力两种力的作用。飞机受到的推动力是由发动机提供的，它使飞机能够向前飞行。而飞机高速飞行时，需要另一种作用力——升力。能够提供升力的装置是机翼。如果我们从侧面观察机翼，会发现机翼下表面非常平整，而上表面则向上拱起。空气流到机翼前端，分成上下两股气流，分别沿机翼上、下表面流过，并产生压力差，即升力。升力只有在飞机飞行过程中才会产生。因此，飞机能在高空中自由飞翔。

为什么乘坐火车要剪票?

运输量最大的交通工具

火车是人类的现代交通工具之一，是指在铁路轨道上行驶的车辆，通常由多节车厢所组成。火车是我们最常用的交通工具之一，尤其是长途旅行，火车是运输量最大的交通工具。

火车票的作用

乘坐火车，需要提前购买火车票作为凭证才可以上车。当你进站上火车时，剪票员要在你的车票上剪个小口。它不但是铁路上避免旅客上错车和正确统计上车人数的手段，更重要的是它意味着铁路对旅客的意外伤害开始实行强制保险。也就是说旅客在买火车票时，就已经向铁路部门投了保，车票里包含着旅客的保险金。强制保险的时间是从旅客剪票后开始到缴票出站时为止。如果因意外事故发生人身伤亡，由铁路部门负责向旅客支付医疗保险金。所以，你乘火车旅行时千万不要忘记剪票。

为什么
游泳池里
有一种特别的味道?

水上运动场地——泳池

游泳,是在水上靠自身漂浮,借自身肢体和躯体的动作在水中运动前进的技能。游泳运动是男女老幼都喜欢的体育项目之一。游泳池是人们从事游泳运动的场地,人们可以在里面活动或进行比赛。多数游泳池建在地面,根据水温可分为一般游泳池和温水游泳池。

游泳池的消毒

经常游泳的人会发现,游泳池的水有一股比较特别的味道。这是为了消灭游泳池里的致病菌,工作人员经常使用消毒的一种易溶于水的白色粉末——氯,对游泳池进行消毒。用氯消毒过的洁净的水池不会有任何味道,这是因为自由氯是无味的,也不会刺激眼睛。

那么,为什么游泳池里总有一股氯的味道呢?这是由于氯在溶于水中之后与特定的化合物相遇,即那些被人们遗留在水中的化合物,如尿液或者汗液。与这些物质相遇后,自由氯就发生了变化,与尿液组合成一种氯化合物,即所谓的氯胺。这种氯化合物不仅不再具有消毒作用,而且会刺激眼睛,还会散发一股氯的气味,也就是我们通常所闻到的"属于游泳池的味道"。

需要注意:辨别游泳池是否干净的标准就是游泳池里是否有这股特别的味道!

为什么总是在运动后的第二天才感觉到肌肉疼痛?

运动之后的酸痛

在运动中，人体的肌肉会分泌一种叫乳酸的成分，而它堆积在肌肉中刺激神经末梢，使肌肉产生酸痛感。

你们有过这样的经历吗？在剧烈运动后的第二天，肌肉会变得十分僵硬，而且只要轻轻触碰就会疼。这是为什么呢？其实这是延迟性肌肉酸痛的症状，疼痛的原因是运动时被过度拉伸的肌肉纤维发生了小小的撕裂。

那为什么肌肉疼痛总是发生在运动过后的第二天呢？那是因为在肌肉纤维撕裂的地方，肌肉会发炎，水分会聚集到发炎的肌肉周围，这一过程会持续几个小时，甚至常常会持续一整天。这些聚集的水分会导致发炎的地方（也就是劳累过度的肌肉）肿胀变硬，直到这时我们才能感觉到疼痛！

小建议

如果你想减轻肌肉酸痛，首先应该在运动前做好暖身运动，然后回家洗个热水澡或按摩，让肌肉深层次地得到放松。最后，喝些能舒缓肌肉酸痛的饮品。

马拉松的全程
为什么是42.195千米？

马拉松的故事

马拉松长跑是国际上非常普及的长跑比赛项目，全程距离26英里385码，折合为42.195公里。

马拉松原是希腊的一个地名。公元前490年，波斯人入侵希腊，双方在马拉松海边进行了一场战争，史称希波战争，最终希腊人获得反侵略战争的胜利。为了让故乡人知道这个好消息，希腊统帅米勒狄派出信使菲迪皮茨回到40千米以外的雅典城通报喜讯。菲迪皮茨是有名的"飞毛腿"，为了让雅典人民尽早得知这一好消息，他一路快跑，一直没有休息，当他跑到雅典时，已上气不接下气，激动地喊道"欢……乐吧，雅典人，我们……胜利了"，说完，就倒在地上死了。

为了纪念这一事件，在1896年举行的现代第一届奥运会上，设立了马拉松这个项目。

全程距离的变更

在现代奥运会举行之后的十几年里，马拉松赛跑的距离一直保持在40千米左右。直到1921年，这一距离才被精确地规定为42.195公里。

这一奇怪的数字是马拉松和雅典之间的距离吗？答案显然是否定的。据说这一规定是源于英国皇室的一次特殊要求。在1908年的伦敦奥运会上，马拉松全程距离原本仍定为40公里——起点为温莎宫，终点为奥林匹克运动场。为了让体育场包厢内的英国皇室成员更好地观看比赛，终点便被延伸到女王的包厢前。1921年之后的奥运会马拉松比赛的全程便定为42.195公里。

奥运五环代表什么？

奥运五环是什么样的？

2008年北京举行国际奥林匹克运动会，将它的标志五环传遍了神州大地，五环标志也在我国几乎家喻户晓，妇孺皆知。奥运五环标志，是世界范围内最为人们广泛认知的奥林匹克运动会标志。它由5个奥林匹克环套接组成，有蓝、黄、黑、绿、红5种颜色。环从左到右互相套接，上面是蓝、黑、红环，下面是黄、绿环。整个造形为一个底部小的规则梯形。

五环的代表意义

五个颜色不同、相互套接的圆环构成了奥运的基本标志——奥运五环。它是由现代奥运会的创始人皮埃尔·德·顾拜旦于1913年亲自设计而成的，代表了参加现代奥林匹克运动的五大洲——欧洲、亚洲、非洲、美洲和大洋洲。

那么，奥运五环的五种颜色分别代表了什么呢？一种被普遍认可的说法是，每种颜色分别代表一个特定的大洲：红色代表美洲，黄色代表亚洲，黑色代表非洲，蓝色代表欧洲，绿色代表大洋洲。然而事实上，皮埃尔·德·顾拜旦在设计奥运会标志的时候并非以此作为设计理念，对于他来讲，奥运五环的背景色白色同样具有重要意义。这六种颜色包含了世界上所有国家国旗的组成颜色，这样所有参加奥林匹克运动会的运动员都能够从奥运五环里面找到属于自己国家的颜色。

奥运会
为什么要传递火炬?

奥运火炬的重要意义

除了奥运五环外,奥运会还有一个重要的标志,那就是奥运火炬。在奥运会进行期间,火炬始终熊熊燃烧,直到奥运会结束才会熄灭。只要奥运火炬不灭,地球上的所有人就应该停止一切争执和战争,彼此进行一场和平友好的体育竞技,这便是顾拜旦的奥运理念。

火炬的传递

在奥运会开始前的几个月,奥运火炬在希腊的奥林匹亚城被点燃。这场盛大的仪式是纪念古希腊人为了纪念宙斯而举行的大型体育竞技活动。火炬被点燃之后,从希腊出发,经由不同的城市和地区一步步传递到奥运会的举办地。一般来说,负责传递火炬的人都会徒步走向下一个传递点,也有人骑自行车、坐汽车、骑骆驼、坐船或是使用其他交通工具来传递火炬。火炬到达奥运会举办地的体育馆后,点燃体育场的主火炬的仪式是历届奥运会开幕的高潮。

圣火采集

圣火采集方式遵循古希腊的传统,由首席女祭司在奥林匹亚的赫拉神庙前朗诵致太阳神的颂词,然后通过将太阳光集中在凹面镜的中央,产生高温引燃圣火,这是采集奥林匹克圣火的唯一方式。整个过程庄严肃穆,没有人群围观。圣火点燃后,火种置于一个古老的火盆中由首席女祭司带到古代奥运会场内的祭坛,向等待在那里的人们展示圣火,点燃第一名火炬手手中的火炬,然后一步一步传向奥运会的举办地。

微波炉是怎样加热食物的?

微波炉的组成

微波炉是一种用微波加热食物的现代化烹调灶具。微波是一种电磁波,它的能量比通常的无线电波大得多。微波炉由电源、磁控管、控制电路和烹调腔等部分组成。

微波炉的加热原理

微波炉的心脏是磁控管。这个叫磁控管的电子管是个微波发生器,它能产生每秒钟振动24.5亿次的微波。这种肉眼看不见的微波,能穿透食物5厘米深的地方,并使食物中的水分子也随之运动,剧烈的运动产生了大量的热能,

于是食物就被"煮"熟了。

在烹调腔的进口处附近,有一个可旋转的搅拌器,因为搅拌器是风扇状的金属,旋转起来以后对微波具有各个方向的反射,所以能够把微波能量均匀地分布在烹调腔内,从而加热食物。这就是微波炉加热的原理。微波炉的功率范围一般为500～1000瓦。

用普通炉灶煮食物时,热量总是从食物外部逐渐进入食物内部的。而用微波炉烹饪,热量则是直接深入食物内部,所以烹饪速度比其他炉灶快4～10倍。

　　微波炉产生的微波是一种辐射，它的频率稍高于电波，其对人体造成的伤害在于其加热能力。合格的微波炉其内部有较好的屏蔽装置，能有效防止微波泄漏，因此选用合格的微波炉是不会对使用者造成伤害的。

冰箱是什么

冰箱是保持恒定低温的一种制冷设备，也是一种使食物或其他物品保持恒定低温冷态的日用产品。箱体内有压缩机、制冰机，用以结冰的柜或箱，带有制冷装置的储藏箱。家用电冰箱的容积通常为 20 ～ 500 升。1910 年世界上第一台压缩式制冷的家用冰箱在美国问世。

冰箱为什么冷

炎炎夏日，冰箱里却是凉丝丝的，这是怎么回事呢？

冰箱里之所以那么凉是因为冰箱内的热量被转移到冰箱外面了。我们知道，水在标准大气压下的沸腾温度为 100 摄氏度，即水在 100 摄氏度时就"开"了。在沸腾过程中，水要吸收大量的热量，由液体变为水蒸气。其中"吸收大量的热量变为水蒸气"这一特性对人们很有启发。于是人们找到了一种物质，它不像水那样在 100 摄氏度时沸腾，而是在零下 30 摄氏度左右的低温下就能沸腾汽化，在汽化的过程中也要吸收大量的热量。我们将这种物质作为电冰箱的制冷剂，让这种液态物质在冰箱的蒸发器内沸腾汽化，吸收箱内的大量热量，使电冰箱降温。

冰箱里
为什么那么凉?

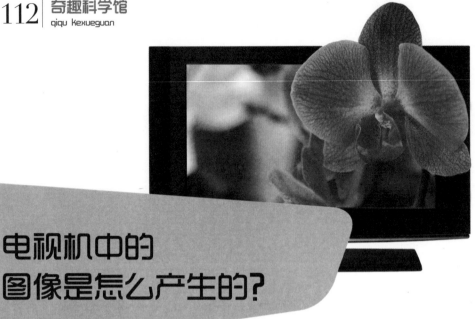

电视机中的
图像是怎么产生的?

受欢迎的电视机

现在的家具配置中,电视机可是不可缺少的一员。可以说,电视机已经走进了千家万户,成为我们了解这个世界的一个重要的工具,也是重要的娱乐工具。电视节目,电影,广播等,都可以通过电视机来收听,而且电视类型繁多,功能越来越多样,因此成为生活中不可取代的一种工具了。小朋友们自然也很喜欢电视机,因为可以通过电视机观看我们喜欢的动画片,电视剧等。

神奇的三原色

我们在看电视的时候,会觉得画面是运动的。事实上,电视图像是由一张张单张图片构成的,图片以每秒25张的速度更换。由于图片更换速度太快,所以我们根本无法看清更换过程,而是看到运动的画面,例如一辆飞奔的汽车。

然而电视机的成像原理还远不止于此。每张电视图片都是由电子光束在屏幕上打出625行单个光点构成,这些光点由上而下排列。电子光束由红、绿、蓝三种基本颜色(也称三原色)构成。如果从侧面看电视屏幕,我们就能清楚地看到那些单个光点以及3种基本颜色,三原色能够准确调出电视图像所需的各种色彩。

这3种基本色彩组成的电子光束高速通过显像管,将图片一行行打在电视屏幕上。每一秒钟,电子光束都会创造出25张图片!

吸尘器为什么会吸尘?

吸尘器的工作原理

我们可以将吸尘器想象成果汁杯中的一根吸管。当我们用力吸吸管时，杯子上部边缘产生一股低压，这股低压挤压果汁顺着吸管向上挤入我们口中。吸尘器的工作原理与此相同，吸尘器的长接管就相当于果汁杯中的吸管，而吸力则是吸尘器内的抽风机产生的。由于抽风机将管内的空气全部抽干，吸尘器内部便会产生低压，这样就吸入了含有灰尘的空气。灰尘等杂物通过长接管进入滤尘袋，空气经过滤片净化后由机体尾部排出，而灰尘等杂物就留在滤尘袋里了。

使用注意事项

1. 在使用吸尘器之前应先检查电源的保险丝是否能够承载吸尘器的启动和工作的电流。（一般产品说明书上有这方面的说明。）

2. 关闭吸尘器电源开关，将电源插头插入汽车点烟器插座，应先启动汽车，再启动吸尘器电源开关，开始操作使用。

3. 当灰尘达到一定程度或使用完毕需做清理，按压尘罩上的卡子打开尘罩清除脏物。

为什么录音机里自己的声音很奇怪?

声音传播的途径

我们平时听到自己的声音其实是相当独特的。事实上,我们听到的自己发出的声音与别人听到的是完全不一样的。

我们听到的自己的声音是穿过头骨和头部肌肉直接传到耳中的,而其他人听到的我们发出的声音是通过空气传播的,正是这一点使声音发生了变化。

录音机的放音

录音机放音时,磁带紧贴着放音磁头的缝隙通过,磁带上变化的磁场使放音磁头线圈中产生感应电流,感应电流的变化跟记录下的磁信号相同,所以线圈中产生的是电流音频,这个电流经放大电路放大后,送到扬声器,扬声器把音频电流还原成声音。

我们从录音机中听到的自己的声音是经过空气传播过的,这与别人听到的声音大致相同,而我们自己听起来就有点奇怪。

CD 光盘里的音乐储存在哪里？

什么是 CD？

CD 代表小型镭射盘，是一个用于所有 CD 媒体格式的一般术语。现在市场上有的 CD 格式包括声频 CD，CD-ROM，CD-ROM XA，照片 CD，CD-I 和视频 CD 等等。在这多样的 CD 格式中，最为人们熟悉的一个或许是声频 CD，它是一个用于存储声音信号轨道如音乐和歌的标准 CD 格式。

因为声频 CD 的巨大成功，今天这种媒体的用途已经扩大到进行数据储存，目的是数据存档和传递。和各种传统数据储存的媒体如软盘和录音带相比，CD 是最适于储存大数量的数据，它可能是任何形式或组合的计算机文件、声频信号数据、照片映像文件，软件应用程序和视频数据。CD 的优点包括耐用性、便利和有限的花费。

CD 上的数字磁道

在 CD 光盘上储存音乐是在 20 世纪 80 年代初才开始出现的。在 CD 上，所有的声音都转化为数字储存。每段声波都被分为许多"条状"的单元，每个声波都有其对应的长度，会分别以数字 1、2、3、4 和 5 来表示。

每张 CD 都是由一条非常长的数字磁道组成，磁道总长超过 8000 米。这条数字磁道上有许多存储信息的细小坑点，好比一个个"小箱子"，不同的声波都有与之相对应的箱子来储存。"箱子"的长度始终与对应的声波条相同：长度为"1"的"箱子"对应的声波条很短，而长度为"5"的"箱子"对应的声波条则较长。播放 CD 时，激光束扫描出这条磁道上储存的信息并且告诉 CD 播放机，每个"箱子"的长度是多少。CD 播放机根据这些数字的记录重新释放出声波，这样我们就可以听到声音了。

触摸屏
怎么知道
我在触摸哪里？

什么是触摸屏？

触摸屏作为一种最新的电脑输入设备，它是目前最简单、方便、自然的一种人机交互方式。它赋予了多媒体以崭新的面貌，是极富吸引力的全新多媒体交互设备。主要应用于公共信息的查询、领导办公、工业控制、军事指挥、电子游戏、点歌点菜、多媒体教学、房地产预售等。

多种多样的触摸屏

随着科学技术的不断提高，触摸屏的产品也在我们的日常生活中逐渐普及。不过，它们是怎样运作的呢？

现在的触摸屏大致分为三种。

第一种是电阻式触摸屏，屏幕能够感应到外部按压。它包括上下叠合的两个透明层，当我们按压触摸屏时，两个透明层之间会产生接触，从而产生电流，电脑通过这一点可以识别出被按压的部位。

第二种是表面声波触摸屏，它采用的是超声波技术。我们可以将触摸屏想象成一条潺潺流动的小溪，当用手碰触它的时候会产生波纹。根据这一点，电脑可以判断出被触碰的区域。

第三种是电容式触摸屏，它利用了人体导电的原理。当我们用手触摸屏幕时（这里不能用笔），电流会流过我们的手指，而我们本身并没有感觉，但是电脑却可以识别并锁定位置。

如何辨识触摸屏的种类呢？我们可以尝试用两根笔同时碰触屏幕，如果屏幕没有任何反应，那么它就是电容式触摸屏；如果其中一根笔下有光标反应，那说明它是表面声波触摸屏；如果两根笔中间的区域有反应，那它就是一个电阻式触摸屏。

太阳能电池的
工作原理是什么？

太阳能电池的诞生

当天然气、煤炭、石油等不可再生能源频频告急，能源问题日益成为制约国际社会经济发展的瓶颈时，越来越多的国家开始实行"阳光计划"，开发太阳能资源，寻求经济发展的新动力。太阳能电池，就在这种情况下应运而生。

太阳能电池又称为"太阳能芯片"或"光电池"，是一种利用太阳光直接发电的光电半导体薄片。它只要被光照到，瞬间就可输出电压及在有回路的情况下产生电流。

绕圈运动的电子

今天太阳能电池的应用随处可见：计算机、手表、房屋等等。大部分情况下，太阳能电池指的是光电电池。光电电池的材质是硅。在太阳的照射下，电池的硅材料发射出电子。这些电子在硅电池中自由流动。在太阳能电池中磁场的作用下，电子不会杂乱无章地运动，而是围绕着一个圈运动，这些绕圈运动的电子便形成了电路。只要太阳光照射在硅上，电池内就会源源不断地产生电子，电子不断转动，就形成了电流。

平凡的生活中不乏新奇有趣，只要你留心，细微之处可见不平凡，这既让我们惊讶也让我们欣喜。

翻开这本书，你会发现生活是丰富多彩的，有美好也有缺陷，只要你用眼去观察，用心去体验，就会让自己生活得充实、快乐。